北京市疾病预防控制中心 组织编写

食品安全

马晓晨　段佳丽　贾海先◎主　编
李春雨　王　超　张鹏航◎副主编

U0170601

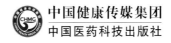

中国健康传媒集团
中国医药科技出版社

图书在版编目（CIP）数据

漫话食品安全 / 马晓晨，段佳丽，贾海先主编 . — 北京：中国医药科技出版社，2023.7

ISBN 978-7-5214-4021-8

Ⅰ.①漫… Ⅱ.①马… ②段… ③贾… Ⅲ.①食品安全—基本知识 Ⅳ.① TS201.6

中国国家版本馆 CIP 数据核字（2023）第 109164 号

美术编辑　陈君杞

版式设计　也　在

插　　画　食品有意思科普动漫团队

出版　**中国健康传媒集团** | 中国医药科技出版社

地址　北京市海淀区文慧园北路甲 22 号

邮编　100082

电话　发行：010-62227427　邮购：010-62236938

网址　www.cmstp.com

规格　880×1230mm $\frac{1}{32}$

印张　$3\frac{3}{4}$

字数　85 千字

版次　2023 年 7 月第 1 版

印次　2023 年 7 月第 1 次印刷

印刷　北京盛通印刷股份有限公司

经销　全国各地新华书店

书号　ISBN 978-7-5214-4021-8

定价　**35.00 元**

获取新书信息、投稿、为图书纠错，请扫码联系我们。

编委会

引言

　　"舌尖上的安全"是政府关注、群众关心的重要民生问题，关系着每个人的身体健康和生命安全。从农田到餐桌，从食品的生产到流通，除了需要各级政府的监管外，也离不开社会各界的广泛参与和共同治理。

　　为更好地传播食品安全科学知识，提高人们的食品安全意识，推进食品安全的共治共享，北京市疾病预防控制中心策划、制作本书。书中用通俗易懂的文字结合生动活泼的画面，向公众普及食品安全知识，引导公众理性客观地看待各类食品安全风险，树立正确的食品安全观念，在生活中更好地选择与享受丰富多样的食品。

　　由于知识和时间的局限，书中难免存在一些不足之处。我们真诚地期待广大读者提出宝贵意见和建议。

编　者

2023 年 7 月

目录

用最严谨的标准 保障舌尖上的安全

中共中央、国务院发布《关于深化改革加强食品安全工作的意见》指出，必须深化改革创新，用最严谨的标准、最严格的监管、最严厉的处罚、最严肃的问责，进一步加强食品安全工作，确保人民群众"舌尖上的安全"……

妈妈，电视上说的"最严谨的标准"是干嘛的呀？

标准呀，就拿你手里的酸奶来说吧，它到底合不合格，生产、销售它的商家是否规范合法，都要根据标准判断。

像这里的配料、营养成分表、生产日期、保质期等都有相应的标准规定。小石头，我说得对吧？

小石头

是的，咱们吃的各种食品，不仅有铅、汞等污染物以及致病菌等有害因素的限量标准，而且原辅料、包装材料以及标签信息等，也都有相应的食品安全标准来规范。

2

另外，你手中的酸奶还要符合相应的产品标准要求。食品安全标准是食品生产经营者必须遵循的最低要求，它可以保证食品安全，防止发生食源性疾病，保护消费者的健康，是唯一强制执行的食品标准。

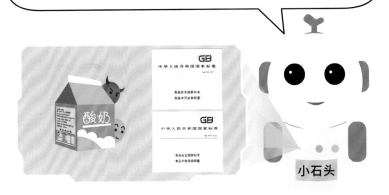

其实在很多我们看不到的地方，也有食品安全标准的守护。一杯酸奶，从厂区选址建设到原料验收、生产加工、出厂检验，再到各项经营活动也都要遵循相应的食品安全标准。

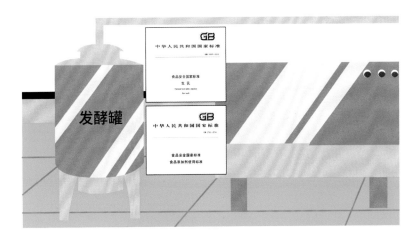

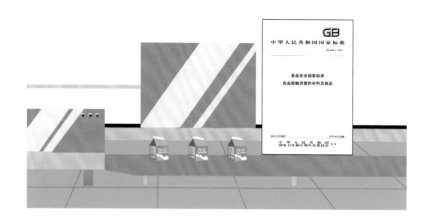

小石头，那我们吃的食品这么多，食品安全标准涉及的范围这么广，得制定多少食品安全标准呀？

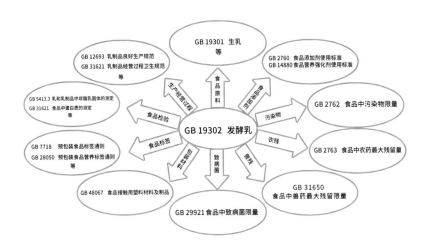

食品安全标准包括食品安全国家标准和地方标准，截至 2022 年 11 月，我国已制定发布的食品安全国家标准共 1478 项，涵盖 2 万余项参数指标，覆盖我国居民消费的 340 余种食品类别，覆盖影响我国居民健康的主要危害因素，覆盖从生产到消费全链条，覆盖从一般到特殊全人群。

看懂食品标签，明明白白消费

每次来超市都得犯几次"选择困难症"，只想买桶油就得从这么多种中选。乐乐、小石头，正好你们在，快帮我看看买哪个好？

好办，看食品标签呀！

小石头

　　食品包装上的文字、图形、符号等都属于食品标签，这里面可藏着不少秘密呢！想买什么油，首先要看产品名称和类别，是花生油、大豆油，还是食用植物调和油，看这里一目了然。

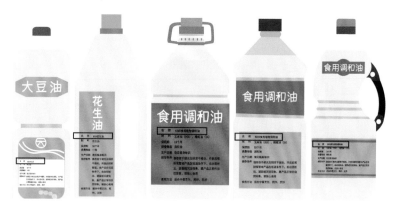

都叫食用植物调和油，为什么价格差这么大？

这就要看食品标签上的配料表了。要知道配料表都是按用量递减的顺序排列的，只有少数用量少于 2% 的配料才不分先后。根据 GB 2716《食品安全国家标准 植物油》的要求，食用植物调和油除了在配料表中注明配料名称外，还应标明其比例。所以，是不是货真价实，看配料表就清楚啦！

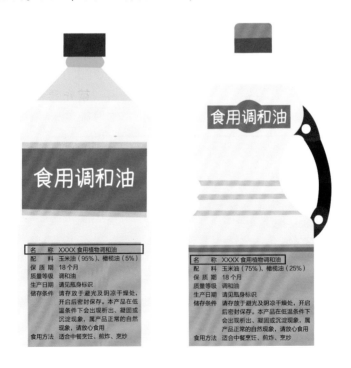

乐乐，结合小石头刚刚的讲解，你来选个你最爱喝的水果酸奶吧！

好哇！先看产品名称和类别，我要买的是酸奶，左边这瓶是饮料，不是酸奶，最好不选。

饮料

酸奶

再看配料表，我应该选果粒果肉排序靠前、糖排序靠后的酸奶！

果肉果粒排序靠前、糖排序靠后

小石头

乐乐学得还挺快！再教你一招，可以帮你选到更营养的食品，看营养成分表！

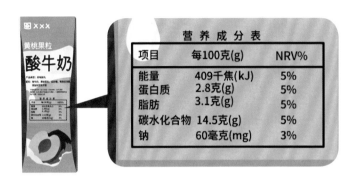

营 养 成 分 表

项目	每100克(g)	NRV%
能量	409千焦(kJ)	5%
蛋白质	2.8克(g)	5%
脂肪	3.1克(g)	5%
碳水化合物	14.5克(g)	5%
钠	60毫克(mg)	3%

通过这个营养成分表，可以更清楚地了解食品中这些营养素的含量及其占营养素参考值的比例（NRV%）。

根据现行 GB 28050《食品安全国家标准 预包装食品营养标签通则》的要求，能量、蛋白质、脂肪、碳水化合物和钠是营养成分表中强制标示的内容，未来还可能增加饱和脂肪（酸）、糖等。

另外，查看营养成分表时，一定要看清其各项数值是按每 100 克还是每份食品计算的，以免高估或低估食品的营养价值。

营 养 成 分 表

项目	每100克(g)	NRV%
能量	409千焦(kJ)	5%
蛋白质	2.8克(g)	5%
脂肪	3.1克(g)	5%
碳水化合物	14.5克(g)	5%
钠	60毫克(mg)	3%

营 养 成 分 表

项目	每 份	NRV%
能量	409千焦(kJ)	5%
蛋白质	2.8克(g)	5%
脂肪	3.1克(g)	5%
碳水化合物	14.5克(g)	5%
钠	60毫克(mg)	3%

↓

每份 50 克

看营养成分表，酸奶的蛋白质含量可比酸乳饮品的高多了，这与刚才小石头讲的配料表的排序是一致的，怪不得妈妈让我多喝酸奶少喝饮料呢！

看来想要明白消费，真得看懂食品标签呀！

食品防腐剂到底是保鲜神器，还是隐形毒药

虽然人们常用吃了"防腐剂"来形容颜值"冻龄"的人，可面对真正的食品防腐剂时，却因担心它是"隐形毒药"而避之不及。

可事实真的如此吗？没有防腐剂的食品真的更好吗？

　　其实，食品中使用防腐剂是食品工业不断发展的成果，合理使用防腐剂能抑制有害微生物的生长，防止这些有害微生物产生健康危害，延长食品保存期。

对于防腐剂的使用，我国有严格的食品安全风险评估和标准规范等管理制度。

亚硝酸钠，亚硝酸钾		sodium nitrite, potassium nitrite	
CNS号 09.002,09.004		INS号 250, 249	
功能 护色剂，防腐剂			
食品分类号	食品名称	最大使用量/(g/kg)	备注
08.02.02	腌腊肉制品类（如咸肉、腊肉、板鸭、中式火腿、腊肠）	0.15	以亚硝酸钠计，残留量≤30 mg/kg
08.03.01	酱卤肉制品类	0.15	以亚硝酸钠计，残留量≤30 mg/kg
08.03.02	熏、烧、烤肉类	0.15	以亚硝酸钠计，残留量≤30 mg/kg
08.03.03	油炸肉类	0.15	以亚硝酸钠计，残留量≤30 mg/kg
08.03.04	西式火腿（熏烤、烟熏、蒸煮火腿）类	0.15	以亚硝酸钠计，残留量≤70 mg/kg
08.03.05	肉灌肠类	0.15	以亚硝酸钠计，残留量≤30 mg/kg
08.03.06	发酵肉制品类	0.15	以亚硝酸钠计，残留量≤30 mg/kg
08.03.08	肉罐头类	0.15	以亚硝酸钠计，残留量≤50 mg/kg

中华人民共和国国家标准
GB
GB 2760—2014
食品安全国家标准
食品添加剂使用标准
中华人民共和国
国家卫生和计划生育委员会 发布

在现代工业生产中，防腐剂等食品添加剂的使用也都是严格按照其规定的使用范围和使用量规范添加的，不会对我们的健康造成危害，可谓是安全的"保鲜神器"。

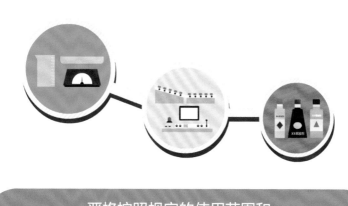

严格按照规定的使用范围和
使用量规范添加

与工业化规范生产加工的食品相比，用盐腌、糖渍、油浸等高盐、高糖、高油方式延长保存期的食品反而存在健康隐患，更需要警惕。

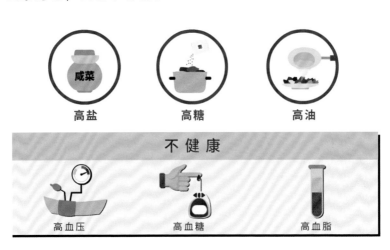

也有些水分含量高、营养丰富的食品，如蛋糕、火腿肠等，若不使用防腐剂，很可能还没出厂就已腐败变质，更不安全。

此外，像纯净水、蜂蜜、纯牛奶等食品更没必要担心其中的防腐剂问题，因为它们本身就不需要或不允许使用防腐剂。

不需要或不允许使用防腐剂

停!

所以说，是否添加防腐剂并不是衡量食品优劣的"尺子"，防腐剂更不是"隐形毒药"，大家不必谈"腐"色变。

"豆"挺好，要"慧"吃

经用

大豆及其制品在我国有悠久的食用历史，但《中国居民营养与慢性病状况报告（2020年）》显示，我国居民的大豆及其制品摄入存在不足。

中国居民营养与慢性病状况报告（2020年）

摄入存在不足

大豆包括黄豆、青豆和黑豆，它们富含优质蛋白、不饱和脂肪酸、钙、钾、维生素E、大豆异黄酮、植物固醇等营养成分，经常食用有益健康。

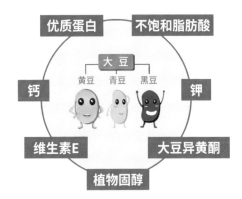

《中国居民膳食指南（2022）》建议平均每天吃25克大豆或相当量的豆制品。对三口之家来说，一天能吃上约一斤的南豆腐或半斤左右的北豆腐，就可以满足需要。

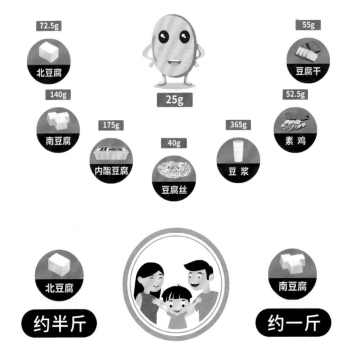

种类繁多

豆制品的种类繁多，但主要可分为非发酵性豆制品和发酵性豆制品两类，只要搭配合理就可以轻松吃到推荐量的大豆类食品。

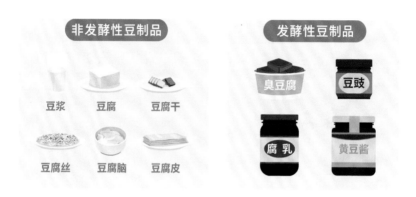

非发酵性豆制品		
豆浆	豆腐	豆腐干
豆腐丝	豆腐脑	豆腐皮

发酵性豆制品	
臭豆腐	豆豉
腐乳	黄豆酱

比如可以早餐喝杯豆浆，午餐炒盘黄豆芽，晚餐来点炖豆腐，还可以适当加点豆豉、腐乳、黄豆酱等发酵性豆制品。

早　　中　　晚

当然要记得通过食品标签选择钠含量相对低一些的产品。

营养成分表

项目	每100克	营养素参考值%
能量	1566千焦	19%
蛋白质	32.2克	54%
脂肪	14.2克	24%
碳水化合物	29.0克	10%
钠	1100毫克	55%

营养成分表

项目	每份(10g)	NRV%
能量	72kJ	1%
蛋白质	1.0g	2%
脂肪	1.0g	2%
碳水化合物	0.7g	0%
钠	350mg	18%

注: 相当于每100克含钠3500毫克,
NRV% 为180%。

营养成分表

项目	每15ml	NRV%
能量	63kJ	1%
蛋白质	1.3g	2%
脂肪	0g	0%
碳水化合物	2.4g	1%
钠	566mg	28%

注: 相当于每100毫升含钠3773毫克,
NRV% 为187%。

新型豆制品

此外，发酵豆乳等新型豆制品，以及多彩千张卷、翡翠豆腐包等新式做法也是您花式吃豆的不错选择。

新式做法

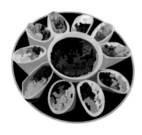

多彩千张卷

翡翠豆腐包

"豆"挺好，要"慧"吃！这些吃豆的正确姿势，您学会了吗？

"蚝"有料，要"慧"用

日常生活中，蚝油是大家"一招定鲜"的烹饪好帮手。但是，您"慧选慧用"吗？下面教大家两个妙招。

21

1. "慧选"

蚝油的鲜味主要来源于生蚝，将蒸煮蚝肉的汁液进行浓缩或直接将蚝肉酶解，再加上糖、盐、淀粉等原辅料及食品添加剂就制成了蚝油。

选购蚝油时，一定要选择配料表中有蚝汁的产品，而且蚝汁的排序越靠前，说明其添加的量相对越多。

配料：蚝汁（蚝，水，食用盐）白砂糖，水，xxx，xxxx，xx

配料：水，蚝汁（蚝，水，食用盐）白砂糖，xx，xx

蚝油含有丰富的蛋白质、氨基酸等，储存不当容易发霉变质而影响其鲜味和品质。

开启前可
常温避光存放。

但在使用后
要及时放入冰箱
0~4℃冷藏。

此外，蚝油
的嘌呤含量较高，
痛风或尿酸高的
人应少吃。

提鲜调味

最后，别忘了，蚝油主要用于提鲜调味，它的"盐"值不低，可别豪吃，平时做菜放一小勺足矣。如果加了蚝油调味，就要尽量减少其他含盐调味品的用量。

1勺蚝油约**8克**，
含钠约**400毫克**，
相当于**1克**食盐，
占营养素参考值的**20%**

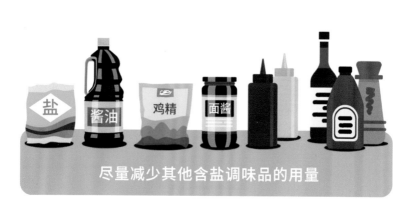

盐　酱油　鸡精　面酱

尽量减少其他含盐调味品的用量

建议大家掌握《中国居民减盐核心信息十条》，积极践行"减盐"等健康的生活方式，科学合理饮食。

中国居民减盐核心信息十条

1. 健康成人每天食盐不超过**5克**(1克盐约等于400毫克钠)，但目前我国居民食盐平均摄入量为10.5克。

2. 高盐(钠)饮食可增加高血压、脑卒中、胃癌等多种疾病的发病风险。

3. 减少食盐摄入是预防高血压及心血管疾病最简单有效的方法。

4. 口味可以培养，要逐渐养成每人每天不超过5克盐的习惯。

5. 多用新鲜食材，天然食物也含盐，少放盐和其他调味品，少吃腌制食品。

6. 膳食要多样，巧妙搭配多种滋味，可以减少盐用量。

7. 外餐点菜时主动要求少盐，优选原味蒸煮等低盐菜品，饮食不过量。

8. 购买加工食品，先看营养标签，少选高钠食品。

9. 儿童用盐量比成人更少，要精心设计食谱，多种味道搭配减少用盐，选择低盐零食。

10. 合理膳食，吃动平衡，多饮水，兴健康饮食新食尚。

参考:

高钠食品:固体食物中钠超过600毫克/100克（即高于30%钠的NRV），液体食物中钠超过300毫克/100毫升(即高于15%钠的NRV)。NRV为营养素参考值。

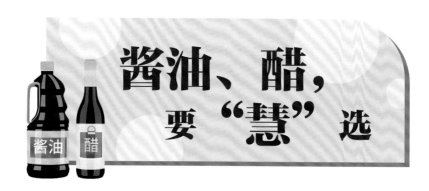

酱油、醋，
要 "慧" 选

人间烟火味需要美味的食物，更离不开调味料的加持。可几乎每天都要吃的酱油、醋，你知道该如何挑选吗？

现在买酱油、醋不需要再"烧脑"地区分是酿造型还是配制型，根据最新的 GB 2717《食品安全国家标准 酱油》和 GB 2719《食品安全国家标准 食醋》，酱油、食醋都是以谷物粮食等为原料经微生物发酵酿制而成的，只需要在购买时，注意查看食品标签上的产品名称就可以了。

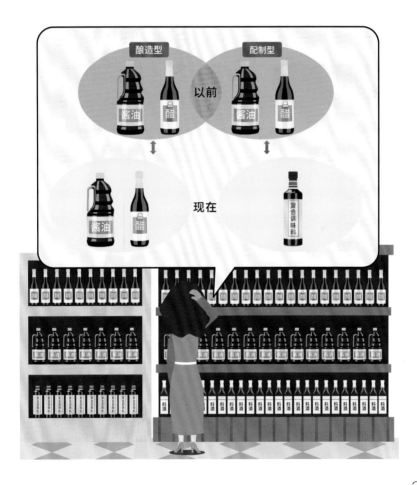

GB 2717

酱油：
以大豆和/或脱脂大豆、小麦和/或小麦粉和/或麦麸为主要原料，经微生物发酵制成的具有特殊色、香、味的液体调味品。

GB 2719

食醋：
单独或混合使用各种含有淀粉、糖的物料、食用酒精，经微生物发酵酿制而成的液体酸性调味品。

那些由酿造酱油、水解蛋白调味液或酿造食醋、冰醋酸配制成的产品，现在被称为复合调味料，不能再叫做酱油或食醋。

复合调味料：用两种或两种以上的调味料为原料，添加或不添加辅料，经相应工艺加工制成的可呈液态、半固态或固态的产品。

想选出品质好的食醋、酱油，一定要看准它们的关键性指标——食醋的总酸和酱油的氨基酸态氮。

总酸含量越高的食醋，发酵越彻底，酸味越浓，发酵过程中同时产生的氨基酸、有机酸等物质也越丰富。

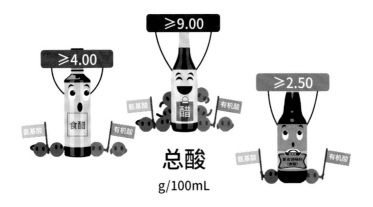

总酸

g/100mL

类似的，若酱油中没有添加谷氨酸钠等提鲜的物质，那么氨基酸态氮含量越高的酱油通常有更浓的鲜味，相对来说品质更佳。根据酿造酱油国家标准，一级酱油的氨基酸态氮含量要达到每 100 毫升 0.7 克，特级酱油要达到每 100 毫升 0.8 克。

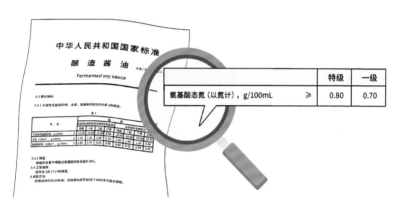

		特级	一级
氨基酸态氮（以氮计），g/100mL	≥	0.80	0.70

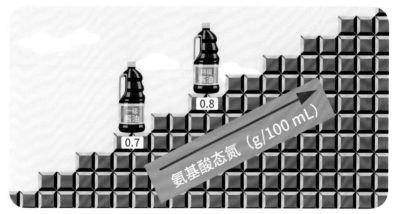

学会这两个小妙招，"打酱油""买醋"再也不发愁啦！

还在海淘奶粉？
几招教你"慧"选奶粉

碳水化合物　乳铁蛋白　牛磺酸　脂肪　蛋白质　抗体　溶菌酶　维生素　核苷酸　矿物质

　　母乳是宝宝最理想的天然食物，当无法进行母乳喂养或母乳不足时，就不得已要为宝宝选择奶粉，这可让不少宝妈宝爸头疼。

1.要选择配方奶粉

配方奶粉是1岁以内宝宝替代母乳的最佳食物和营养来源,不建议喝普通牛奶或奶粉。

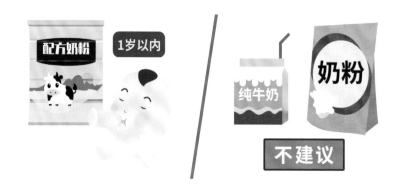

2. 按需选择适合的配方奶粉

根据不同月龄营养需求，宝宝的配方奶粉分为婴儿配方、较大婴儿配方和幼儿配方三种，应根据宝宝的月龄选择对应的奶粉。

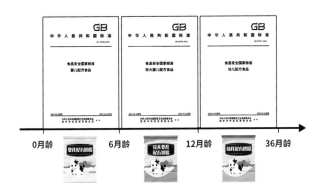

如果宝宝有乳糖不耐、蛋白过敏或早产等特殊状况，则应该在医生、营养师的指导下，有针对性地选择适合的特殊医学用途配方奶粉。

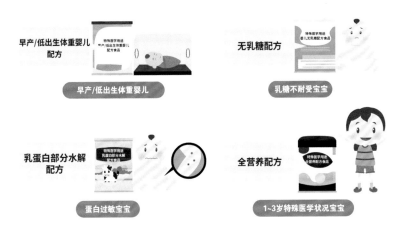

3. 不建议盲目海淘奶粉

有些家长费尽心力海淘奶粉，有时却"好心办坏事"。

我国的婴幼儿配方奶粉相关标准，是基于我国婴幼儿生长发育的营养需求并参考国外相关标准制定而成的，对奶粉中的必需营养成分、可选择成分等都进行了明确的规定。

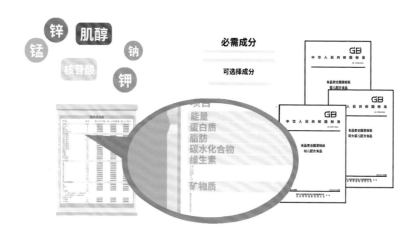

国内外的配方奶粉标准有差异，如果海淘的国外配方奶粉中的营养成分或含量不符合我国的标准要求，可能并不适合咱自己的娃。

比如配方奶粉中的铁含量，我国标准针对婴儿、较大婴儿和幼儿配方奶粉有不同的铁含量要求。而美国的婴儿配方食品标准适用于0~12月龄的宝宝，其含量要求与我国也有明显差异。

⁁⁁⁁⁁⁁⁁⁁⁁⁁		
IRON ―――― 1.8 mg/100kcal		
ᵛᵛᵛ		

铁	0.59 mg/100kcal	3.0
锌	mg	0.15 3.2

中国婴儿配方奶粉标准铁的要求为 **0.42-1.5mg/100kcal**

如果海淘的婴幼儿配方奶粉的营养素含量不符合我国的标准要求，长期食用不利于我国宝宝的生长发育，甚至引发疾病。

以上就是带给大家的几个"慧"选奶粉小妙招。学会了这些，给宝宝选奶粉就不用发愁啦！

食物中的"隐形杀手"
——真菌毒素

水果只坏了一点，是扔掉还是切去坏的部分继续吃？

其实，真菌菌丝及其产生的毒素能在烂水果的果肉中蔓延。

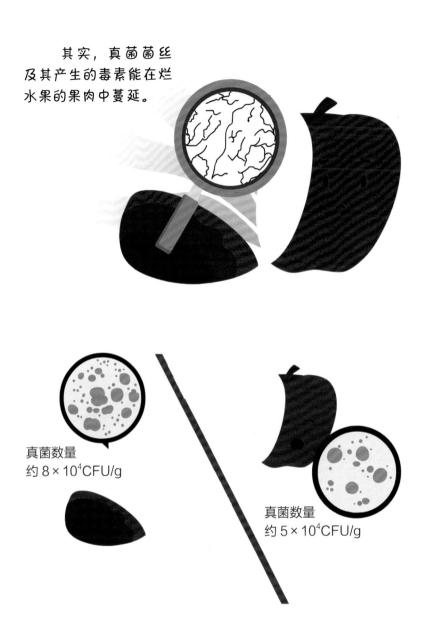

真菌数量
约 $8 \times 10^4 CFU/g$

真菌数量
约 $5 \times 10^4 CFU/g$

所以水果一旦腐烂，即便看着完好的部分，其中的真菌数量也可能比新鲜水果高很多倍。

急性毒性
抽搐、水肿、充血、胃肠道扩张等

慢性毒性
神经毒性、免疫毒性、致畸、致突变等

细胞毒性

展青霉素是腐烂霉变的水果中一种常见的真菌毒素，具有多种急、慢性毒性和细胞毒性，严重威胁人类的健康。

真菌毒素的耐热性极强，高温蒸煮也很难破坏或降低它们的毒性。

耐热性极强

生活中我们应尽量做到按需选购，将食物存放于干燥、低温的环境中，防止霉变。

若发现食物霉变，应及时扔掉、不再食用，远离真菌毒素这个食物中的"隐形杀手"。

厨余垃圾

运动营养食品，你会用吗

2021 年 8 月 3 日，国务院印发《全民健身计划（2021—2025 年）》，进一步激发了全国人民的运动热情，运动健身相关行业、食品也随之火热。说到运动相关食品，主要包括运动饮料和运动营养食品。

运动饮料是一种能为机体补充水分、电解质和能量，可被迅速吸收的饮料，它的营养素及其含量可以适应运动或体力活动人群的生理特点。

水分　　电解质　　能量

运动饮料

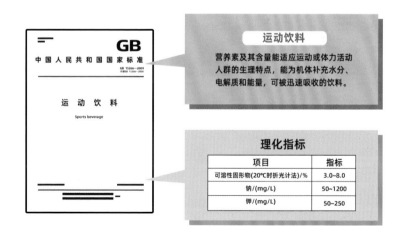

运动饮料

营养素及其含量能适应运动或体力活动人群的生理特点，能为机体补充水分、电解质和能量，可被迅速吸收的饮料。

理化指标

项目	指标
可溶性固形物(20℃时折光计法)/%	3.0~8.0
钠/(mg/L)	50~1200
钾/(mg/L)	50~250

运动营养食品

　　而运动营养食品是针对运动人群的特殊膳食食品，可以满足运动人群的特殊需求，适合每周参加体育锻炼3次及以上、每次持续时间30分钟及以上且每次运动强度达到中等及以上的人群。

小贴士

运动人群

〈 每周参加体育锻炼 〉≥3次　　〈 每次持续时间 〉≥30分钟　　〈 每次运动强度 〉≥中等

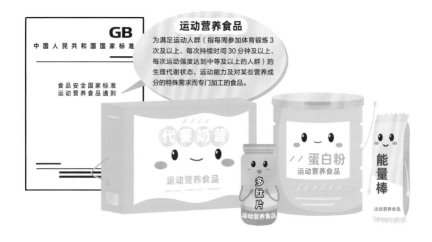

GB

中国人民共和国国家标准

食品安全国家标准
运动营养食品通则

运动营养食品

为满足运动人群（指每周参加体育锻炼3次及以上、每次持续时间30分钟及以上、每次运动强度达到中等及以上的人群）的生理代谢状态、运动能力及对某些营养成分的特殊需求而专门加工的食品。

代餐奶昔
运动营养食品

多肽片
运动营养食品

蛋白粉
运动营养食品

能量棒
运动营养食品

所以两类食品的执行标准、适用人群、食用方法并不一样。

运动营养食品的种类很多，不同种类的运动营养食品按照营养素、运动类型进行区分设计，产品分类包括补充能量类、控制能量类、补充蛋白质类、速度力量类、耐力类、运动后恢复类。

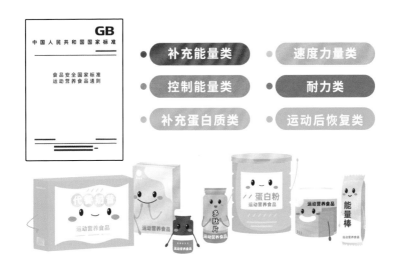

大家平时如果运动量不太大，出汗不多，适量补充水分即可，不需要专门补充运动饮料或运动营养食品。

此外，运动营养食品有每日使用量的规定，要按需合理使用，没必要特意食用。

以上就是关于运动营养食品的小知识，这次你会用了吗？

你的食品"密接"安全吗

生活中人们常常对食品本身的安全非常重视，却忽视了它们"密切接触者"的安全。

比如，你这样热过饭菜吗？吃过这样装的食物吗？它们安全吗？

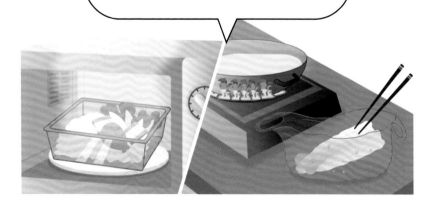

其实，食品的"内衣"、"外套"也会影响食品的安全。所有可能与食品接触的塑料、金属、玻璃、纸、橡胶等材料、制品，甚至可能直接或间接接触食品的油墨、润滑油等，都可能影响食品安全，必须要符合我国食品接触材料及制品相关的法律法规和标准。

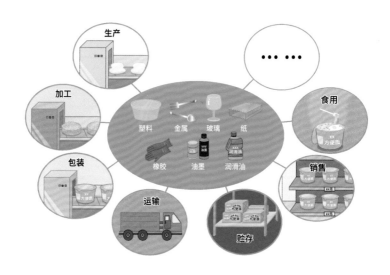

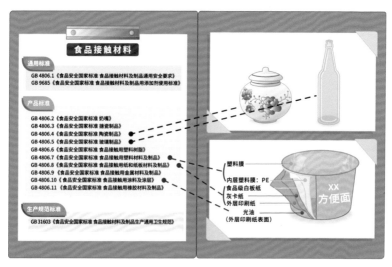

比如保鲜膜、打包盒等塑料制品，材质不同，它们的适用范围和使用方法可能会有很大差别。

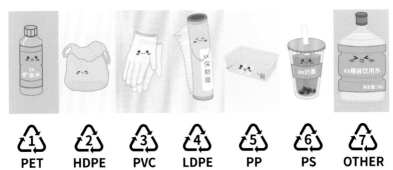

| 1 PET | 2 HDPE | 3 PVC | 4 LDPE | 5 PP | 6 PS | 7 OTHER |

如 PVC 材质，塑料编号为 3 的保鲜膜或塑料盒，适合盛装常温或低温、脂肪含量低的食物。

若对其进行加热，可能溶出有害物质，带来健康风险。

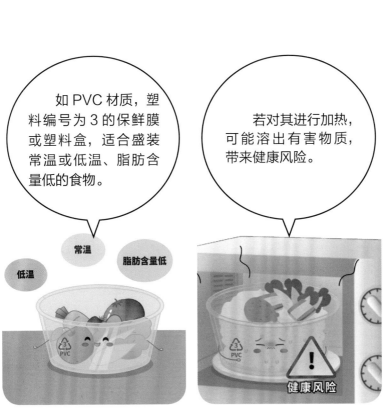

常温　低温　脂肪含量低

PVC

3 PVC

健康风险

所以，生活中应养成查看塑料产品标志说明的习惯，尽量选择"食品级"产品。

避免用不耐高温的塑料制品盛装滚烫或油脂含量高的食物。

及时更换

变色

浑浊

变形

在塑料发生变形、变色或浑浊时及时更换。

微波适用   PP

若要微波加热，一定要认准"微波适用"、PP材质等标识。

总之，大家要关注食品"密接"，保证舌尖上的安全。

巧克力，
你真的"慧"选吗

大家好，我们是巧克力家族。我是大哥黑巧克力。

我是二妹牛奶巧克力。

我是小妹白巧克力。

总有人问我们是怎么来的？为什么我是苦的而他们两个是香甜丝滑的？今天就带你们了解一下我们的家族成员，解决一下你们的困惑。

这是我们的妈妈可可豆，经历几番复杂的加工，她会变为可可液（块）、可可脂、可可粉等可可制品。

这些可可制品中的一种或几种，再配上白砂糖、乳制品等，就有了我们。

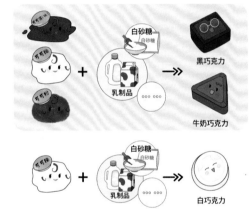

巧克力

黑巧克力　牛奶巧克力　白巧克力

以可可制品(可可脂、可可块或可可液块/巧克力浆、可可油饼、可可粉)和(或)白砂糖为主要原料,添加或不添加乳制品、食品添加剂,经特定工艺制成的在常温下保持固体或半固体状态的食品。

GB 9678.2
《食品安全国家标准
巧克力、代可可脂巧克力及其制品》

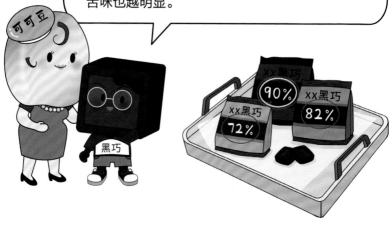

大家都说兄弟姐妹中我最像妈妈，你们看这个数字，它代表我身上可可的总含量，这个数值越高，我含的可可成分越多，家族特有的苦味也越明显。

牛奶巧克力二妹含的可可粉少、可可脂多，又加入了乳制品，口感细腻丝滑。

白巧克力小妹对可可脂含量的要求最高，但不含可可粉，以至于经常被人误以为它不是我们家族的成员。

还有这些我们家族的其他成员，它们都是巧克力成分不少于 25% 的巧克力制品。

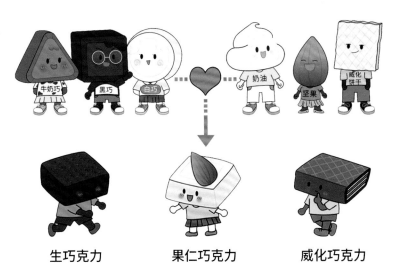

生巧克力　　　果仁巧克力　　　威化巧克力

巧克力成分 ≥ 25%

巧克力制品

巧克力与其他食品按一定比例,经特定工艺制成的在常温下保持固体或半固体状态的食品。

GB 9678.2
《食品安全国家标准 巧克力、代可可脂巧克力及其制品》

它们会使用超过5%的代可可脂来全部或部分取代可可脂，这样做出来的巧克力，您仔细看会发现它们都是叫"代可可脂巧克力"。

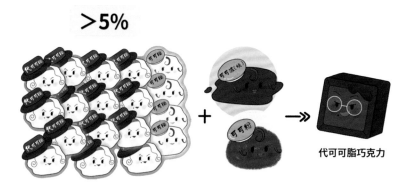

代可可脂巧克力

以白砂糖、代可可脂等为主要原料(按原始配料计算,代可可脂添加量超过5%),添加或不添加可可制品(可可脂、可可块或可可液块/巧克力浆、可可油饼、可可粉)乳制品及食品添加剂,经特定工艺制成的在常温下保持固体或半固体状态,并具有巧克力风味和性状的食品。

GB 9678.2
《食品安全国家标准
巧克力、代可可脂巧克力及其制品》

另外,还要提醒大家一点,在选购的时候要看清标签的产品类型,到底是巧克力制品还是带点巧克力的饼干。

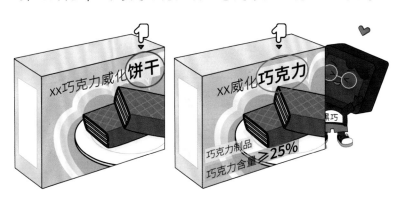

听了我的这些介绍,你们"慧"选巧克力了吗?

不粘锅涂层破损后还能继续用吗

不粘、省油、好清洗，让人们对不粘锅爱不释手，可使用一段时间后，经常会发现锅底出现划痕或破损，这样的不粘锅有毒有害吗？还能继续用吗？

○不粘　　○省油　　○好清洗

破损

聚四氟乙烯

目前最常见的不粘锅涂层是聚四氟乙烯，也叫特氟龙，它耐高温、抗酸碱，是一种性质稳定的高分子聚合物。

性质　稳定

耐高温

抗酸碱

序号	中文名称	CAS号	SML/QM mg/kg	SML(T) mg/kg	SML(T)分组编号	其他要求
89	聚四氟乙烯	9002-84-0	0.05 (四氟乙烯: SML)；0.2 (氟: SML)；0.01 (六价铬: SML)			涂覆于铝板、铁板、不锈钢等金属表面，经高温烧结，使用温度不得高于250℃

GB

中华人民共和国国家标准

GB 4806.10—2016

食品安全国家标准
食品接触用涂料及涂层

2016-10-19发布　　2017-04-19实施

中 华 人 民 共 和 国
国家卫生和计划生育委员会 发布

　　符合国家标准的特氟龙涂层性质很稳定，在日常的烹饪过程中一般不会分解出有害物质，并且特氟龙不能被人体消化吸收，即便误食了脱落的颗粒，也会通过粪便直接排出，可以放心使用。

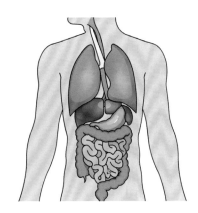

但不粘锅的涂层发生破损会严重影响其"不粘"的效果，食物易在涂层脱落的地方发生焦糊，可能会增加多种致癌物产生的机会，也给清洗带来很大的困难，加重涂层的脱落。

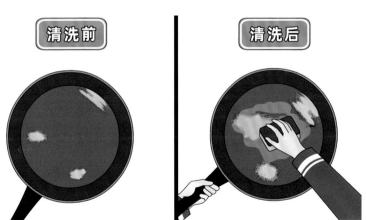

所以，为了更好地保护不粘锅涂层，建议使用时尽量避免干烧、刮擦或冷热交替。

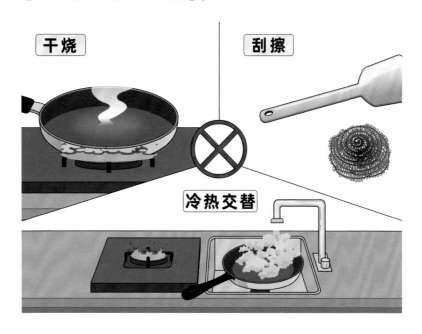

植物酸奶和酸奶，你选哪个

你发现了吗？有一款叫做"植物酸奶"的产品这阵子可是火出了圈儿，很多素食人群、健身爱好者和爱美女性都是它的真爱粉。植物酸奶是什么？跟酸奶比有什么区别？你更青睐哪一个呢？

1. 主要原料和产品类型不一样

首先，我们看看酸奶。根据食品安全国家标准，酸奶都是以生牛（羊）乳或乳粉为主要原料，属于发酵乳制品。

GB 19302《食品安全国家标准 发酵乳》

3.1 发酵乳 fermented milk
以生牛（羊）乳或乳粉为原料，经杀菌、发酵后制成的pH值降低的产品。

3.1.1 酸乳 yoghurt
以生牛（羊）乳或乳粉为原料，经杀菌、接种嗜热链球菌和保加利亚乳杆菌（德氏乳杆菌保加利亚亚种）发酵制成的产品。

3.2 风味发酵乳 flavored fermented milk
以80%以上生牛（羊）乳或乳粉为原料，添加其它原料，经杀菌、发酵后pH值降低。发酵前或后添加或不添加食品添加剂、营养强化剂、果蔬、谷物等制成的产品。

3.2.1 风味乳酸 flavored yoghurt
以80%以上生牛（羊）乳或乳粉为原料，添加其他原料，经杀菌、接种嗜热链球菌和保加利亚乳杆菌（德氏乳杆菌保加利亚亚种）发酵前或后添加或不添加食品添加剂、营养强化剂、果蔬、谷物等制成的产品。

那什么是植物酸奶呢？其实植物酸奶目前没有标准定义，它多是以燕麦、大豆、坚果、椰子等植物为原料发酵而成的，所以按目前的食品分类，它并不属于酸奶，而是一种发酵型植物蛋白饮料。

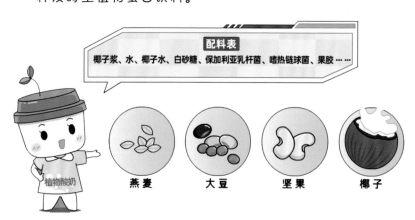

配料表
椰子浆、水、椰子水、白砂糖、保加利亚乳杆菌、嗜热链球菌、果胶……

燕麦　　大豆　　坚果　　椰子

2.营养成分不同

很多人选择植物酸奶，可能是基于素食需求或控制体重、体脂等考虑，认为植物酸奶饱和脂肪低、不含胆固醇、含膳食纤维。

素食需求

控制体重、体脂

其实酸奶中胆固醇也并不高，更建议大家关注蛋白质和钙含量。

植物酸奶与传统酸奶的蛋白质含量差不多，但从优质蛋白的角度看，部分非大豆原料的植物酸奶可能并不是优质蛋白的来源，而且植物酸奶的钙含量一般比酸奶低。

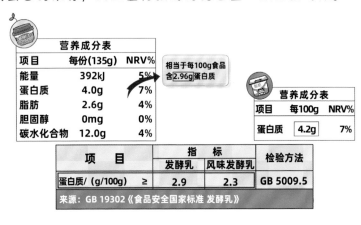

营养成分表		
项目	每份(135g)	NRV%
能量	392kJ	5%
蛋白质	4.0g	7%
脂肪	2.6g	4%
胆固醇	0mg	0%
碳水化合物	12.0g	4%

相当于每100g食品含2.96g蛋白质

营养成分表		
项目	每100g	NRV%
蛋白质	4.2g	7%

项　　目	指　　标		检验方法
	发酵乳	风味发酵乳	
蛋白质/（g/100g）　≥	2.9	2.3	GB 5009.5

来源：GB 19302《食品安全国家标准 发酵乳》

非大豆原料的
植物酸奶

传统酸奶

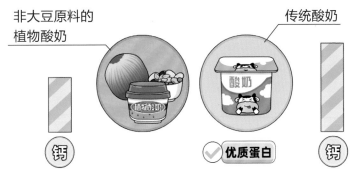

钙

优质蛋白

钙

此外，植物酸奶也存在着"隐形糖"等问题，因此"卡路里"可不一定低哦。

植物酸奶

中国居民平衡膳食餐盘（2022）

总之，Pick 哪个没有对错，保持平衡膳食更重要。植物酸奶可以作为日常膳食的一部分，但不建议用植物酸奶代替酸奶等乳制品。

健康中国，营养先行，希望大家认真主动践行《中国居民膳食指南（2022）》八准则呦！

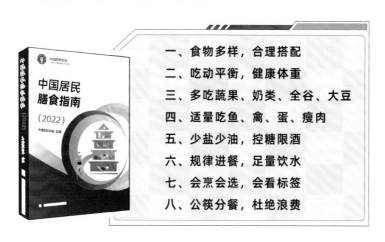

一、食物多样，合理搭配
二、吃动平衡，健康体重
三、多吃蔬果、奶类、全谷、大豆
四、适量吃鱼、禽、蛋、瘦肉
五、少盐少油，控糖限酒
六、规律进餐，足量饮水
七、会烹会选，会看标签
八、公筷分餐，杜绝浪费

海鲜不熟？
当心副溶血性弧菌

这海蛎子好像没做熟，让服务员再加热一下吧。

这你就不懂了吧，海鲜就要吃这半生不熟的劲儿，很鲜的，你也尝尝。

不用啦，我正好不喜欢吃海蛎子。我吃点别的挺好，你们吃吧。

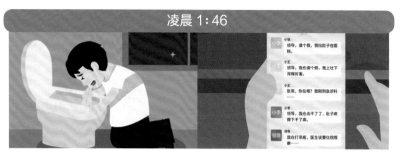

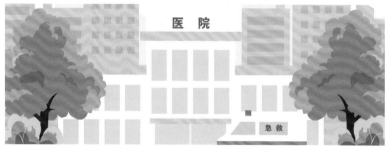

 他们可能因为昨天下午吃的那些不熟的海蛎子进医院了，这是为什么呢？

经实验室检测，这些人是感染了副溶血性弧菌。

副溶血性弧菌   6-9月份   10-24小时

副溶血性弧菌引起的食物中毒通常发生在每年 6~9 月份，潜伏期一般 10~24 小时。

感染后先出现恶心、呕吐症状，随后会出现肚脐周围阵发性绞痛和水样便，严重的患者会脱水、血压下降，甚至休克。

副溶血性弧菌是一种天然存在于海水和鱼、虾、蟹、贝类等海产品中的食源性致病菌。

副溶血性弧菌如果污染了抹布或砧板，可在上面存活一个月以上。

预防副溶血性弧菌食物中毒一定要记住：

• 尽量不生食或半生食海产品，吃海产品一定要彻底烧熟煮透。

• 加工海产品后要注意清洁案板、刀具等加工用品，防止副溶血性弧菌污染其他即食食物。

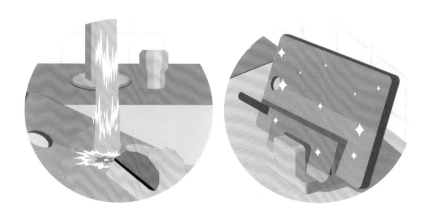

科学预防菜豆中毒

爸爸，这个菜豆好像没炒熟，吃起来咯吱咯吱的。

今天你妈加班，我又不常做饭，就当是菜豆"刺身"，咱俩凑合吃吧。

晚上7：00

他们这是怎么了?

这父子俩是因为吃了没炒熟的菜豆引起了中毒。

　　我们吃的菜豆,比如扁豆、四季豆、芸豆、刀豆等,都含有一定量的红细胞凝集素和皂苷,如果没做熟,这两种有毒物质进入人体后,会发生红细胞凝集和溶血作用,导致食物中毒。

扁豆　　四季豆　　芸豆　　刀豆　　……

红细胞凝集素

皂苷

红细胞凝集

溶血

菜豆中毒的潜伏期短者 30 分钟，一般为 2~4 小时，会出现恶心、呕吐、腹痛、胃部有灼烧感等症状，症状持续数小时或 1~2 天。

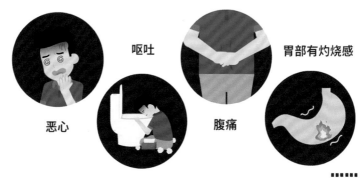

恶心　呕吐　腹痛　胃部有灼烧感

一般程度的中毒可以自愈。但如果病人出现四肢麻木、胸闷等比较严重的中毒症状，就需要及时送医治疗。

四肢麻木
胸闷
……

预防菜豆中毒一定要记住：

• 菜豆一定要加热到表面彻底失去原有的绿色，并且吃的时候没有豆腥味，才是彻底做熟了。

加热到表面彻底失去
原有的绿色

吃的时候
没有豆腥味

• 集体单位食堂加工量不宜过大，建议每一锅的量不超过锅容量的一半，同时要用铲子不断翻炒，使菜豆受热均匀。

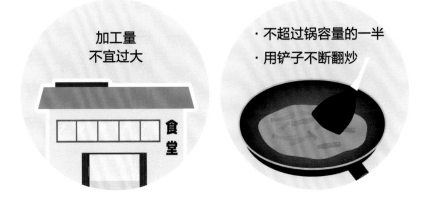

加工量
不宜过大

· 不超过锅容量的一半
· 用铲子不断翻炒

来路不明的"酒"千万喝不得

晚上6：00

××建设

××工程

忙了一天，要能有口酒解解乏就好了。咦？那是什么？

74

 唉，昨天晚上我喝完食堂门边角落大白桶里的酒，没想到这酒度数还挺高，没多久就吐了，头疼得厉害，看东西也模糊，我以为是自己喝多了。

哎呀！那可不是酒，那是我买来点火的酒精燃料。

那不是喝多了，是甲醇中毒，幸亏送医及时，否则有生命危险。

酒精燃料和工业酒精不是酒，主要成分是甲醇，一般成人口服纯甲醇 5~10 毫升可致严重中毒。

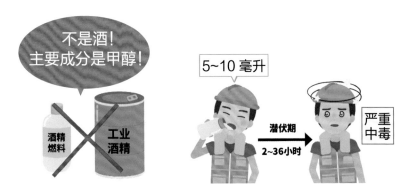

急性甲醇中毒潜伏期一般为 2~36 小时，中毒后会出现头昏、头痛、乏力、恶心、呕吐、视物模糊等症状，严重会导致失明，出现代谢性酸中毒危及生命。

预防甲醇中毒一定要记住：

※ 不能喝来历不明、无标签标识的"白酒"或"饮料"。

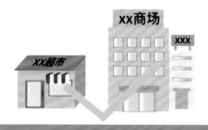

※ 如果购买白酒，应通过超市、商场等正规渠道购买。

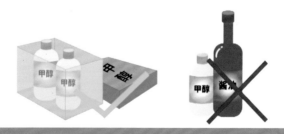

※ 燃料酒精不能随意存放，要有明确标识，且不能与
   食品原料混放。

单增李斯特菌的"冷"酷

烧烤结束第二天

腹泻、呕吐

烧烤结束第十天

发烧、胎儿不动

结合实验室检测结果，医生判断这名孕妇是由于感染了单增李斯特菌而导致的胎儿死亡。

单增李斯特菌是一种在自然界中分布广泛的食源性微生物，适宜低温生存，有"冰箱杀手"之称。乳肉制品、水产品、蔬菜水果最易被单增李斯特菌污染。

腹泻　　　　　　　腹痛　　　　　　　发热

免疫力正常的人感染后通常不会发病，或只表现轻微的胃肠道症状。

孕妇　　　新生儿　　　免疫力低下人群

但像孕妇、新生儿、免疫力低下等易感人群感染后很容易出现脑膜炎、败血症等。

流产　　　　　　　　死亡

若不及时治疗，很可能导致流产、死亡等严重后果，其病死率高达 20%~40%。

如何降低单增李斯特菌的感染风险？

第一，保持厨房环境、餐具、厨具及手部的清洁。

第二，生熟食物及处理食物的案板、刀具等做到生熟分开。

第三，食品完全煮熟煮透，单增李斯特菌在 70℃以上持续加热 2 分钟才会被杀灭。

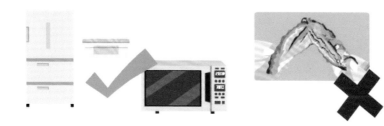

第四，熟食、易变质食物应冷藏在 5℃以下的环境。

5℃以下

第五，高危人群，尤其是"准妈妈"，需要尽可能少吃或不吃未经消毒的牛奶或奶酪、生食水产品等高危食物。

烧烤食品　　熟肉制品　　生食水产品
冰淇淋　　生食瓜果蔬菜　　未经消毒的牛奶或奶酪
刺身　　寿司　　熏制海产品

谨防小个子大魔王——肉褐鳞环柄菇中毒

我今天在松林里采摘的新鲜蘑菇，刚吃了几口，你赶紧趁热吃吧。

咦，从哪儿买的蘑菇啊？

85

是肉褐鳞环柄菇中毒!!!

肉褐鳞环柄菇

菌盖上有褐色至暗褐色的鳞片呈近同心环状排列。

菌柄与菌盖同色，菌柄中空且下部也有同色鳞片。

　　肉褐鳞环柄菇长得与松蘑、香菇等可食用蘑菇相似，但毒性巨大，体内含有鹅膏毒素，可以造成急性肝损害型中毒。

肉褐鳞环柄菇　　　　松蘑　　　　香菇

误食肉褐鳞环柄菇

最先出现恶心、呕吐、腹泻等胃肠道症状。

随后症状消失，进入"假愈期"。此时，你以为自己痊愈了，其实毒素仍在体内侵袭。

假愈期过后就可能突然出现严重肝、肾等脏器损害，若发现及时，经积极治疗后，可以恢复，但严重者可能因肝衰竭而死亡。

及时发现

肝衰竭

如何预防肉褐鳞环柄菇中毒？

最好的办法就是不随意采食野生蘑菇。

若不慎吃了野生菌感觉不适，应立即就医，并告知医生食用野生菌的情况。

假愈期

要特别警惕蘑菇中毒的"假愈期"。即使胃肠道症状消失后自我感觉良好，也不能马虎。

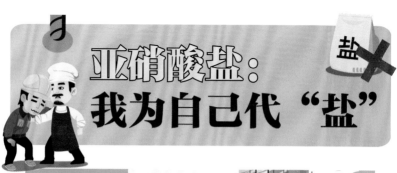

亚硝酸盐是一种白色粉末，外形、颜色都与食盐很像，所以常会出现误把亚硝酸盐当成食用盐的情况。

大量摄入会导致细胞、组织、器官缺氧。

食用 0.3 克就会发生轻度中毒，出现心悸、恶心、呕吐、手和口唇发紫等症状。

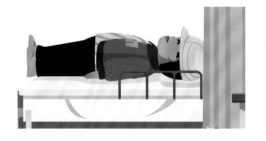

食用 3 克以上，就会出现呼吸困难、昏迷、惊厥等症状，严重的话，会因呼吸衰竭而死亡。

亚硝酸盐中毒事件多数是误将亚硝酸盐当作食盐食用引起的。

预防亚硝酸盐中毒应注意以下几点:

第一,餐饮服务单位禁止采购、贮存、使用亚硝酸盐。

第二，从正规渠道购买食用盐，不购买、使用来路不明、没有标签的"盐"。

第三，亚硝酸盐包装应有明确标示，禁止与食品共同存放，以免误用。

把食物放进冰箱就安全了吗

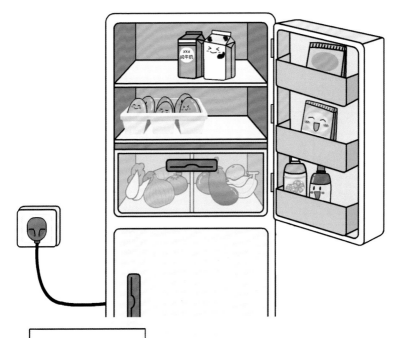

2010年全球卫生理事协会曾在澳大利亚、加拿大、德国、印度、马来西亚、沙特阿拉伯、南非、英国、美国等9个国家做过一项家庭卫生调查，结果显示冰箱内部是家庭卫生污染重地。

冰箱是人们生活中的必需品，它用自己的"温度"让食物们"保持青春活力"。可你知道吗？冰箱也可能是卫生污染的重地。

冰箱是通过低温来抑制微生物的生长繁殖、延长食物的保存期的。而放入冰箱的蔬果及肉蛋奶的表面会带有一定数量的微生物，一些嗜冷性细菌如单增李斯特菌、小肠结肠炎耶尔森菌等就可能继续在冰箱中生长繁殖。

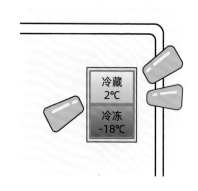

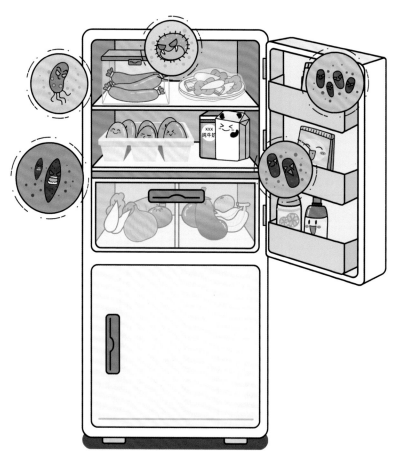

若随意将食物摆放并且没有定期清理冰箱，就可能让冰箱变成食源性致病菌的"温床"。

正确使用冰箱要遵循的原则：

第一，生熟分开、密封储存，尽量避免食物间的交叉污染

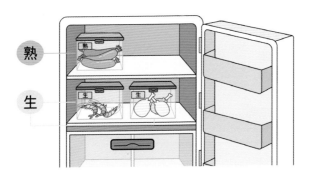

第二，合理分区，有序存放

可根据冰箱内部温度的差异合理放置食物。

将剩饭菜放置于温度相对稳定的上层。

在保存果蔬时要注意留出充足的"呼吸"空间。

冰箱门这一"温暖地带"可存放果汁、调料这类食物。

第三，定期清理，杜绝死角

最好每月给冰箱"洗洗澡"，彻底断电清空冰箱，并进行清洗消毒。

清洗

消毒

做好了这些，你就可以放心把食物放进冰箱啦！

餐桌上的致命杀手——米酵菌酸

嘿~嘿~

米酵菌酸听起来有点陌生，但每年因它导致的中毒甚至死亡的悲剧却接连在上演······

鸡西酸汤子中毒已致 9 人死亡，系米酵菌酸引起

 2020 年 10 月 5 日，黑龙江鸡西某社区居民王某某及其亲属 9 人在家中聚餐，共同食用了自制酸汤子（用玉米水磨发酵后做的一种粗面条样的主食）后，引发食物中毒。几天前，红星新闻从黑龙江鸡西"酸汤子"中毒事件唯一幸存者李女士的儿子张先生处获悉，其母亲已于 10 月 19 日中午去世。

吃河粉后 11 人中毒，1 人身亡，广东发布重要提醒，小心米酵菌酸

 8 月 1 日，广东惠来县通报一起疑似食物中毒事件；7 月 28 日，11 人在一肠粉店食用河粉后出现疑似食物中毒症状，已有 5 人送医，其中 1 人经全力抢救，医治无效去世，2 人病情较重，店主和河粉供应商已被警方控制。

杭州大妈吃浸泡 2 天木耳住进 ICU！如何预防米酵菌酸中毒？

 近日，浙江杭州，王大妈翻出冰箱里泡了 2 天的黑木耳打算凉拌食用。凉拌前特意在水里煮了一遍。食用后 1 小时，她出现腹痛等症状。次日早晨，家人发现不对后迅速将其送医救治。经检查，王大妈肝肾功能恶化，需进行肾脏透析治疗。

米酵菌酸是由一种名为唐菖蒲伯克霍尔德菌椰毒致病变种的细菌产生的毒素。

最容易被唐菖蒲伯克霍尔德菌污染的食品：

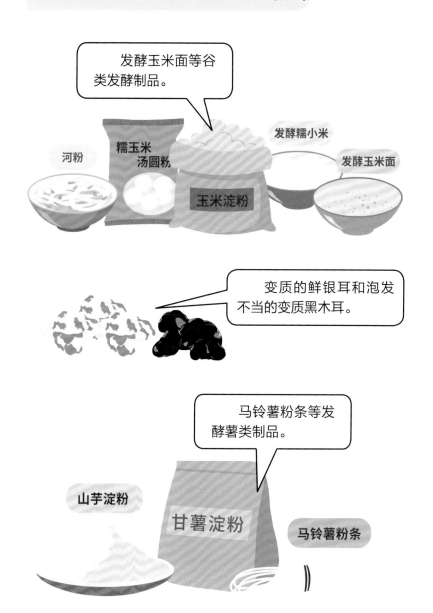

发酵玉米面等谷类发酵制品。

糯玉米汤圆粉

玉米淀粉

河粉

发酵糯小米

发酵玉米面

变质的鲜银耳和泡发不当的变质黑木耳。

马铃薯粉条等发酵薯类制品。

山芋淀粉

甘薯淀粉

马铃薯粉条

米酵菌酸毒素中毒的症状：

初期可能会出现恶心、呕吐、头晕、头痛、腹痛、腹胀、嗜睡等症状，严重的可能发生脑、肝和肾脏的病变，甚至多器官的混合病变。

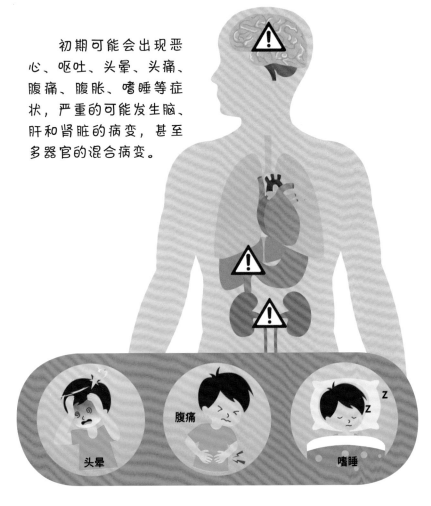

头晕

腹痛

嗜睡

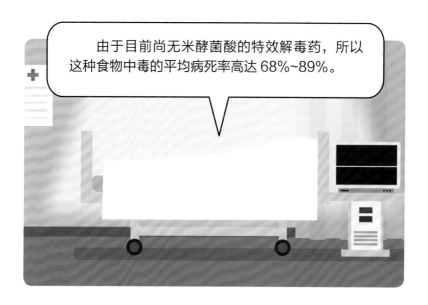

由于目前尚无米酵菌酸的特效解毒药，所以这种食物中毒的平均病死率高达 68%~89%。

米酵菌酸的耐热性极强，即使经过100℃煮沸和高压烹饪也无法将其破坏，只有通过保持良好的卫生和饮食习惯，才能杜绝此类食物中毒的发生。

生活中如何远离米酵菌酸这个致命杀手?

养成从正规渠道选购食品和关注食品标签、生产日期、保质期等习惯。

尽量避免家庭自制酵米面类食物。

不要食用变质的米、面、蔬菜等。

在泡发食物时,注意使用干净的水并严格控制泡发时间,避免过夜。

发芽土豆
有毒吗

在土豆生长的过程中，存在着一种叫龙葵素的物质，它可以帮土豆抵御病虫害以及寒冷、干旱等恶劣气候。但你知道吗？就是这把土豆的"保护伞"，对我们而言可能带来食物中毒风险。

干旱

病虫害

寒冷

龙葵素

　　在土豆的花、叶、茎等部位，都分布着不同含量的龙葵素，一般正常成熟的土豆中龙葵素含量较少，大部分都分布在土豆皮中。

含量多

　　在未成熟的土豆和土豆的嫩芽中，龙葵素的含量较高，有实验结果表明，嫩芽越长，龙葵素的含量越高。

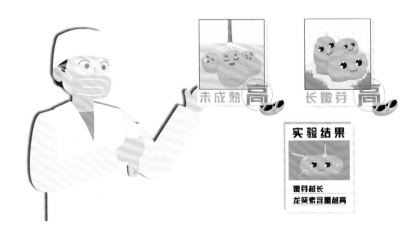

未成熟 高　　长嫩芽 高

实验结果

嫩芽越长
龙葵素含量越高

一次性吃掉 30 克以上发芽或变绿了的土豆，就可能出现中毒症状，轻者恶心、呕吐、腹泻、头晕、瞳孔变大、舌头发麻，严重的会失去知觉、麻痹、休克甚至死亡。

生活中我们应尽量避免将土豆存放在有光照、温度高的地方，也不要长时间储存，这些都会令土豆中的龙葵素含量升高。

建议避光保存

土豆出现变绿或发芽，应尽量丢弃，或通过削皮、去芽并深挖芽眼附近皮肉、放入水中浸泡、烹饪时加入食醋等方式进行处理，避免龙葵素中毒。

丢弃

削皮

去芽

深挖芽眼
附近皮肉

放入水中浸泡

烹饪时加入食醋

主要参考文献

［1］中国营养学会. 中国居民膳食指南（2022）［M］. 北京：人民卫生出版社, 2022.

［2］国家卫生健康委员会. 中国居民减盐核心信息十条［EB/OL］. ［2019-08-19］（2023-07-24）. http://www.nhc.gov.cn/sps/s7886t/201908/954dca7d6c294e228ea8768409764e3f.shtml.

［3］中华人民共和国卫生部. 食品安全国家标准 预包装食品标签通则：GB 7718-2011［S］. 北京：中国标准出版社, 2011.

［4］中华人民共和国卫生部. 食品安全国家标准 预包装食品营养标签通则：GB 28050-2011［S］. 北京：中国标准出版社, 2011.

［5］中华人民共和国国家卫生和计划生育委员会. 食品安全国家标准 食品添加剂使用标准：GB 2760-2014［S］. 北京：中国标准出版社, 2015.

［6］中华人民共和国卫生部. 食品安全国家标准 食品营养强化剂使用标准：GB 14880-2012［S］. 北京：中国标准出版社, 2012.

［7］中华人民共和国国家卫生和计划生育委员会. 食品安全国家标准 食品中真菌毒素限量：GB 2761-2017［S］. 北京：中国标准出版社, 2017.

［8］中华人民共和国国家卫生健康委员会. 食品安全国家标准 食品中污染物限量：GB 2762-2022［S］. 北京：中国标准出版社, 2022.

［9］中华人民共和国国家卫生健康委员会. 食品安全国家标准 食品中农药最大残留限量：GB 2763-2021［S］. 北京：中国标准出版社, 2021.

［10］中华人民共和国国家卫生健康委员会. 食品安全国家标准 食品中兽药最大残留限量：GB 31650–2019［S］. 北京：中国标准出版社, 2020.

［11］中华人民共和国国家卫生健康委员会. 食品安全国家标准 预包装食品中致病菌限量：GB 29921–2021［S］. 北京：中国标准出版社, 2021.

［12］中华人民共和国国家卫生和计划生育委员会. 食品安全国家标准 食品接触用塑料材料及制品 GB 4806.7–2016［S］. 北京：中国标准出版社, 2016.

［13］中华人民共和国国家卫生健康委员会. 食品安全国家标准 植物油：GB 2716–2018［S］. 北京：中国标准出版社, 2019.

［14］中华人民共和国国家卫生健康委员会. 食品安全国家标准 酱油：GB 2717–2018［S］. 北京：中国标准出版社, 2019.

［15］中华人民共和国国家卫生健康委员会. 食品安全国家标准 食醋：GB 2719–2018［S］. 北京：中国标准出版社, 2019.

［16］中华人民共和国卫生部. 食品安全国家标准 发酵乳：GB 19302–2010［S］. 北京：中国标准出版社, 2010.

［17］中华人民共和国国家卫生健康委员会. 食品安全国家标准 婴儿配方食品：GB 10765–2021［S］. 北京：中国标准出版社, 2021.

［18］中华人民共和国国家卫生健康委员会. 食品安全国家标准 较大婴儿配方食品：GB 10766–2021［S］. 北京：中国标准出版社, 2021.

［19］中华人民共和国国家卫生健康委员会. 食品安全国家标准 幼儿配方食品：GB 10767–2021［S］. 北京：中国标准

出版社, 2021.

［20］中华人民共和国卫生部. 食品安全国家标准 特殊医学用途婴儿配方食品通则: GB 25596-2010［S］. 北京: 中国标准出版社, 2010.

［21］中华人民共和国国家卫生和计划生育委员会. 食品安全国家标准 特殊医学用途配方食品通则: GB 29922-2013［S］. 北京: 中国标准出版社, 2013.

［22］孙承业, 谢立璟. 有毒生物［M］. 北京: 人民卫生出版社, 2013.

［23］陈晖, 傅锁洁, 王琦, 等. 2005—2020 年我国唐菖蒲伯克霍尔德氏菌中毒事件流行病学分析［J］. 中国食品卫生杂志, 2022, 34（6）: 1336-1341.

［24］耿雪峰, 张晶, 庄众, 等. 2002—2016 年中国椰毒假单胞菌食物中毒报告事件的流行病学分析［J］. 卫生研究, 2020, 49（4）: 648-650.

［25］陈子慧, 黄芮, 梁骏华, 等. 2018—2020 年广东省河粉类食品米酵菌酸中毒事件流行病学分析［J］. 中国食品卫生杂志, 2022, 34（1）: 158-162.

［26］Mehruba Anwar, Amelia Kasper, Alaina R Steck, et al. Bongkrekic acid—a review of a lesser-known mitochondrial toxin［J］. Journal of Medical Toxicology, 2017, 13（2）: 173-179.

［27］沈瑾, 王佳奇, 段弘扬, 等. 家用冰箱微生物污染现状调查［J］. 中国消毒学杂志, 2016, 33（1）: 15-17.

［28］张鹏航, 陆峥, 赵春玲, 等. 2018 年北京市社区居民冰箱食源性致病菌污染状况分析研究［J］. 食品安全质量检测学报, 2019, 10（9）: 2509-2513.

［29］许荣华, 朱莉, 刘学磊. 烹饪加工对土豆龙葵素含量的影

响研究［J］. 华中师范大学学报：自然科学版, 2018, 52（4）: 6.

［30］武亚帅, 韩宣, 邹优扬, 等. 有效去除马铃薯中龙葵素方法的探究［J］. 食品安全质量检测学报, 2020, 11（5）: 6.